I0390586

MORFOMETRÍA, PESO Y APARIENCIA DE EXCRETAS DEL VENADO CARAMERUDO (*Odocoileus virginianus*) DE VENEZUELA.

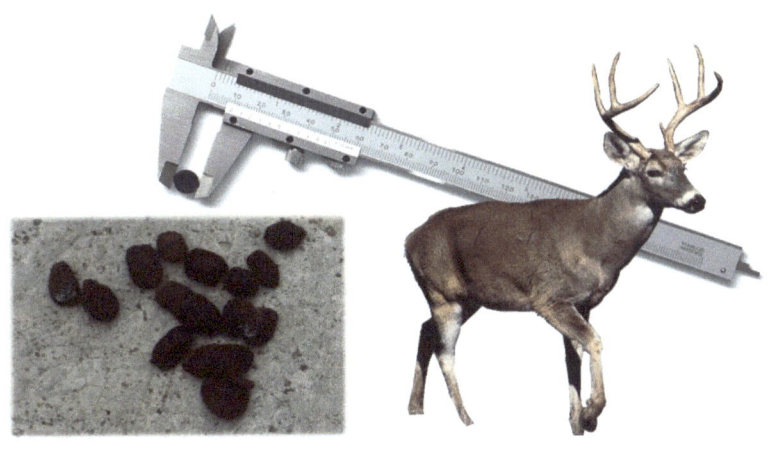

Martín CORREA-VIANA
Mitzha CORREA RODRÍGUEZ
Antonio J. GONZÁLEZ-FERNÁNDEZ

2019

AGRADECIMIENTOS

Al ingeniero Antonio PADRÍN POLITO por su interés y apoyo para la realización de este trabajo.

A nuestro amigo Rafael HOOGESTEIJN por haber servido como impulsor para que se lograra el contacto y el acuerdo para el proyecto de campo que permitió desarrollar este trabajo.

A Carlos SILVA, médico veterinario del Parque Zoológico y Botánico Bararida.

A todo el personal del hato Corralito por sus atenciones y ayuda durante el trabajo de campo, en especial a Augusto MENDOZA, José Elías RONDÓN, Carlos ÁLVAREZ, Luis MARTÍNEZ, Candelario JIMÉNEZ, Sonia COLMENAREZ y Xiodalis HERRERA.

ÍNDICE DE CONTENIDO

Pág.

PORTADA... i

© COPYRIGHT.. ii

AGRADECIMIENTOS iii

ÍNDICE DE CONTENIDO... v

RESUMEN vii

ABSTRACT viii

INTRODUCCIÓN 1

MATERIALES Y MÉTODOS 5

RESULTADOS Y DISCUSIÓN 7

ETIMOLOGÍA 18

REFERENCIAS 18

MORFOMETRÍA, PESO Y APARIENCIA DE EXCRETAS DEL VENADO CARAMERUDO (*Odocoileus virginianus*) DE VENEZUELA.

Martín Correa-Viana

Programa de Ciencias del Agro y del Mar
Universidad de los Llanos – UNELLEZ.
Guanare 3350, Portuguesa, Venezuela

Mitzha Correa Rodríguez

Decanato de Ciencias Veterinarias.
Universidad Centro Occidental Lisandro Alvarado – UCLA.
Barquisimeto, Lara, Venezuela.

Antonio J. González-Fernández

Programa de Ciencias del Agro y del Mar.
Universidad de los Llanos – UNELLEZ.
Guanare 3310. Portuguesa, Venezuela.

RESUMEN

Se caracterizó la morfometría (largo, ancho, área, proporción largo/ancho y volumen), peso (seco) y la apariencia de cagarrutas del venado caramerudo (*Odocoileus virginianus*) (n=130, 65 de origen silvestre y 65 de cautiverio). Las dimensiones morfométricas y el peso no se diferenciaron (z, p=0,05) entre individuos silvestres y ejemplares cautivos. Similares (z, p=0,05) resultaron las dimensiones y el peso de la muestra combinada (silvestre+cautivos) luego de su contrastación con la muestra de solo ejemplares cautivos. Pero, la proporción largo/ancho de la muestra combinada (contrariamente de la longitud, el ancho, el área, el volumen, y el peso) sí divergió (z=0,05) de su par en la muestra silvestre. Los valores de las dimensiones morfométricas y el peso parecen no alterarse (t, p=0,05) debido al tiempo de exposición a los factores climáticos. La variación significativa observada en las dimensiones ancho, área, proporción largo/ancho y volumen cuando se confrontaron las muestras fecales entre las clases de edad definidas, permite conjeturar la fiabilidad del análisis morfométrico como técnica para describir la estructura de edades en poblaciones de *Odocoileus*.

Palabras claves: Venado caramerudo, *Odocoileus virginianus*, morfometría de excretas.

MORPHOMETRIC, WEIGHT AND APPEARANCE OF PELLETS OF THE WHITE-TAILED DEER (*Odocoileus virginianus*) FROM VENEZUELA.

Martín Correa-Viana

Universidad de los Llanos – UNELLEZ.
Guanare 3350, Portuguesa, Venezuela

Mitzha Correa Rodríguez

Decanato de Ciencias Veterinarias.
Universidad Centro Occidental Lisandro Alvarado – UCLA.
Barquisimeto, Lara, Venezuela.

Antonio J. González-Fernández

Universidad de los Llanos – UNELLEZ.
Guanare 3310, Portuguesa, Venezuela.

ABSTRACT

The values that distinguish the morphometric dimensions (length, width, area, length/width ratio and volume), weight and their appearance of the pellets from White-tail deer (*Odocoileus virginianus*) (n= 65 of free ranging deer and 65 coming from captive deer). The morphometric dimensions and the weight of the fecal samples were not different (z, p=0.05) between Wild individuals and captives. Similar (z, p=0.05) resulted the same dimensions and weight of the combined sample (Wild+captives) after their comparison with their pairs of sample from captives specimens. But, the length/width ratio of the combined sample if it diverged from its free ranging deer sample pair. The values of the morphometric dimensions, and the weight seem not to be altered (t, p= 0.05) due to the effect of environmental factors. The observed differences in the dimensions width, area, length/width ratio and volume) when fecal samples were compared between age classes, allow us to conjecture the possible reability of the morphometric analysis as a technique to describe the age structure in *Odocoileus* populations.

Key words: White-tailed deer, *Odocoileus viginianus*, morphometric of pellets.

INTRODUCCIÓN

Señaló Seton (1925) "la escatología es un componente de la zoología que se encarga de estudiar la composición y morfología de las heces. Provee métodos de rastreo de animales a científicos y cazadores, por lo cual convierte a las heces en una herramienta importante para el estudio de mamíferos en campo."

Los pellets (bolitas de excrementos, partículas de excretas, cagarrutas [DRAE: porción de excremento], bolos fecales, gránulos de excretas) son piezas pequeñas de excrementos de forma cilíndrica-elipsoidal, muchas de las cuales poseen un extremo redondeado y el otro puntiagudo. Están compuestos de material vegetal no asimilado que está compactado (Aranda 1981). En el caso del venado pueden identificarse por su forma, color, olor y su característico patrón de distribución en los puntos de deposición.

Actualmente, la utilización de las excretas-excrementos como recurso para el conocimiento de la ecología de animales silvestres, así como su manejo es una de las técnicas que permite la obtención de una amplia y substancial información biológica. Según Bookhout (1976), las excretas producidas por los individuos de la especie de interés son una opción adicional segura para incrementar los tamaños de las muestras. Rojas *et al*. (2014) afirmaron que la disimilitud entre la morfología de los excrementos puede usarse para la separación de especies de roedores. La identificación de las excretas de diferentes especies de animales basada en sus formas, morfometría y color ha soportado la comprensión de la ecología y el lineamiento de planes de manejo de un importante número de vertebrados (Aranda 2000, Davison *et al.* 2002, Elbroch 2003). El muestreo de excretas empleando transectos o parcelas ha sido utilizado para certificar la estimación del tamaño de poblaciones de vertebrados silvestres, así como la extensión del conocimiento relacionado con la selección y preferencia de hábitat (Davis y Wintead 1980, Mandujano y Gallina 1995, Pérez-Mejia *et al.* 2004, Ortiz-Martinez *et al.* 2005). Ray y Sunquist (2001) confirmaron su validez como técnica para conocer la distribución y estructura de comunidades de mamíferos.

Korschgen (1980), Mill (1996) y Buenrostro *et al.* (2004) subrayaron la efectividad del análisis de los excrementos para determinar composición y calidad de la dieta de herbívoros y carnívoros silvestres. La conducción de exámenes químicos, microbiológicos y físicos de las excretas ha coadyuvado a expandir el conocimiento relativo a infecciones parasitarias, y el reconocimiento de los agentes que las provocan (Phillips y Scheek 1991). Paralelamente, la evaluación, segregación y cuantificación de la flora bacteriana presente en animales montaraces ha recibido impulso gracias al análisis de los excrementos (Hirayama 1989). Mason y Redfod (1994) reconocieron la conveniencia del análisis fecal para verificar la exposición (grado de contaminación) a policlorobifenilos [PDE] y plaguicidas.

La precisión de la condición reproductiva, la madurez sexual y la detección y valoración de metabolitos de testosterona, progesterona y estrógeno en la excretas, es otra invaluable contribución que ha catapultado el conocimiento de la bioecología y fisiología de la vida silvestre animal con la finalidad de generar planes y programas para su conservación, aprovechamiento o control (Lesley y Kirkpatrick 1991, Peter *et al*. 1996, Romero 2004, Brousset Hernández-Jáuregui *et al*. 2005).

La utilización de los excrementos como herramienta-técnica en el contexto de investigaciones bioecológicas, ha permitido detectar una correspondencia entre su morfometría, el sexo, la edad y la masa corporal de los individuos sujetos a estudio. Lo cual, parece corroborarse con la categorización de clases de edad y sexo en el venado cola blanca de Coves (*Odocoileus virginianus covesi*) (Ezcurra y Gallina 1981); alce (*Alces alces*) (MacCracken y van Ballenberghe 1987); el venado mulo (*Odocoileus hemionus*) (Sánchez-Rojas *et al*. 2004) y el berrendo de Sonora (*Antilocapra americana*) (Susannah *et al*. 2016). Pero quizá, la característica distintiva de la técnica de análisis de excretas para el estudio de las especies animales silvestres es su carácter no invasivo. Es una metodología limpia, porque no afecta la fisiología y tampoco el comportamiento de los organismos sujetos a estudio.

Exigua o anónima aún es la información concerniente a la morfometría de las excretas del venado caramerudo en Venezuela. González-Fernández y Correa-Viana (2018), aparentemente, son los únicos investigadores que han aportado datos de este aspecto de la biología de *Odocoileus* en nuestro país. Contrariamente, el uso de los excrementos como herramienta para la investigación de la fauna silvestre nativa ha permitido originar información inédita o ampliar la conocida en lo que concierne a competencia alimenticia (sic) de herbívoros mayores del Llano (Escobar y González Giménez 1976); Abundancia y densidad del venado caramerudo, *O. virginianus*, (Correa-Viana 1977); Dieta del zorro, *Cerdocyon thous* (Bisbal y Ojasti 1980; Hábitos alimentarios de algunos carnívoros (Bisbal 1986); Ecología nutricional del venado caramerudo, *O. virginianus* (Danields 1987); Dieta del venado caramerudo, *O. virginianus* (Granado 1989); Ph fecal del venado caramerudo, *O. virginianus* Correa-Viana (1989); Tasa de defecación del venado caramerudo, *O. virginianus* (Correa-Viana (1991); Variación del Ph fecal del venado caramerudo, *O. virginianus* (Correa-Viana (1993); Actividad y uso del hábitat del venado caramerudo, *O. virginianus* (Correa-Viana 1994); Abundancia y densidad poblacional del venado paramero, *O. v. goudotti* Gay y Gervais 1846 (Correa-Viana 1995); Distribución de la nutria, *Lontra longicaudis*, González y Utrera 2002; Densidad y tamaño poblacional del venado de páramo, *O. lasiotis* (Molina Molina 2003); Ecología trófica de la nutria, *L. longicaudis* (González y Castillo 2012).

Precisar los valores de las dimensiones descriptivas de la morfometría, el peso (seco) y describir las cualidades que caracterizan la apariencia de las excretas (cagarrutas) del venado caramerudo, *O. virginianus*, resumen la finalidad de esta investigación.

MATERIALES Y MÉTODOS

Ciento treinta (130) cagarrutas de venado caramerudo (65 de venados silvestres y 65 de ejemplares cautivos) recolectadas durante abril, mayo y junio 2018, fueron medidas para precisar los valores de las dimensiones (variables) que singularizan su morfometría: largo (L en mm), ancho (W en mm), área (A en mm²), proporción largo/ancho (L/W), volumen (V_0 en mm³) calculado siguiendo a Susannah *et al.* (2016) como $V_0 = (4/3\pi) \times (L/2) \times (W/2)^2$ y además su peso (P en g). Con el fin estandarizar el error a una fuente única las mediciones fueron completadas por un solo observador empleando un vernier MITUTUYO (a= 0,01 mm) y una balanza electrónica MAGNUM (0,1 g). Cagarrutas fragmentadas, incompletas o fisuradas se excluyeron como muestras (Zahratha *et al.* (2007). Una prueba de comparación de medias (z) se utilizó para la contrastación de cada una de las dimensiones y el peso, entre las cagarrutas de origen silvestre y las procedentes de venados cautivos. Igualmente, se llevó a cabo la comparación (z) de las dimensiones y el peso entre las cagarrutas de la muestra total (130) con las correspondientes de las muestras originadas en campo y en cautiverio. El posible efecto del tiempo y la desecación sobre los valores de cada dimensión y el peso, se examinó (prueba t) en una muestra de 25 cagarrutas (seleccionadas al azar) que se midieron el día de su recolección (una vez que desapareció su condición fresca) y posteriormente, fueron remedidas luego de 25 días de exposición a las condiciones ambientales locales. La metodología propuesta por Ezcurra y Gallina (1981), pero modificada en función de la dimensión volumen de las cagarrutas del venado caramerudo venezolano, se utilizó para conducir un ensayo de segregación en clases de edad. Crías (volumen hasta 250 mm³, n=16), juveniles (251-550, n=90) y adultos (superior a 550, n= 24) fueron las clases definidas. Una muestra n=16 de cagarrutas de la clase crías, n=17 juveniles y n=17 adultos se utilizó para comparar, análisis de la varianza [ANDEVA], las dimensiones morfométricas entre clases de edad. La relación entre las dimensiones largo/ancho fue examinada en la muestra (n=130) original empleando un diagrama de dispersión, en el cual se delimitaron las áreas correspondientes a cada grupo etario mediante la aplicación del método de

6

los máximos polígonos convexos sin superposición. La fidelidad de la apariencia de las cagarrutas se fundamentó en su color, olor, textura, consistencia, humedad y sequedad. Estos atributos fueron verificados en una muestra de treinta (30) cagarrutas frescas (recolectadas minutos después de su deposición) y posteriormente, a las dos (2), cuatro (4), diez (10), cuarenta y ocho (48) horas y finalmente, luego de haber transcurrido treinta (30) desde su recolección.

RESULTADOS Y DISCUSIÓN

El área y el volumen fueron las dimensiones que destacaron por su mayor variación en ambas muestras, silvestres y cautivos. No obstante, el máximo de variabilidad se registró en el volumen (Tabla 1). Este resultado coincidió con Bubenick (1982), MacCraken y van Ballenberghe (1987), Aguilar-Miguel (2008) y González-Fernández y Correa-Viana (2018) quienes describieron la morfometría de cagarrutas de elk (*Cervus elaphus*), alce (*Alces alces*), venado cola blanca (*O. virginianus*) y venado caramerudo (*O. virginianus*), respectivamente. El largo (eje mayor) y el ancho (eje menor) parecen ser las dimensiones relacionadas con la mayor variación del área y el volumen. Según Morden (2011), la masa corporal está fuertemente correlacionada con el tamaño de las excretas. Zahratha *et al*. (2007) señalaron una consistente relación directamente proporcional entre el peso corporal y el volumen de las cagarrutas. En consecuencia, cabría suponer que las diferencias del tamaño corporal propias de *Odocoileus* (en Venezuela) condicionen, igualmente, el tamaño y volumen de las cagarrutas.

De acuerdo con Montes-Pérez *et al*. (2016) la temperatura ambiental, la precipitación pluvial, la humedad y los artrópodos del suelo son factores que pueden alterar las cualidades que describen la morfometría de las excretas. McCulloug (1982) y Rogers (1987) destacaron que las cagarrutas de las épocas de lluvia son más grandes que las de otros periodos del año. Indicaron además, que esta desigualdad podría tener congruencia con los cambios en la dieta.

Figura 1. Montículo de cagarrutas de venado silvestre durante la temporada lluviosa.

Tabla 1. Descripción de la morfometría y el peso de cagarrutas del venado caramerudo de Venezuela.

Dimensión	Silvestre (n = 65)				Cautiverio (n = 65)			
	$\bar{x}$	*DE*	IC	CV (%)	$\bar{x}$	*DE*	IC	CV (%)
L (mm)	11,27	±2,76	10,82 11,72	20,85	11,88	±1,78	11,66 12,10	14,98
W (mm)	8,73	±1,74	8,90 9,06	19,93	8,61	±1,49	8,31 8,91	17,30
A (mm)	98,88	±35,54	91,54 106,72	35,94	104,41	±29,06	98,40 110,49	27,82
L/W	1,33	±0,70	1,28 1,37	15,03	1,39	±0,23	1,34 1,43	15,00
V$_o$ (mm)	504,82	±238,19	455,76 553,87	47,71	477,99	±219,42	432,30 522,68	45,95
P (g)	0,19	±0,05	0,18 0,20	26,31	0,21	±0,06	0,20 0,22	28,57

$\bar{x}$ = Promedio; DE = Desviación Estándar; IC = Intervalo de Confianza; CV = Coeficiente de variación.

En el presente estudio todos los valores de las dimensiones y el peso registrados, resultaron comparables L (z=1,84; p=0,05), W (z=0,44; p=0,05), A (z=0,97; p=0,05); L/W (z=1,33; p=0,05), V$_o$ (z=0,13; p=0,05) y P (z=0,68; p=0,05) cuando se contrastaron las muestras de individuos silvestres con sus pares de ejemplares cautivos. Este hallazgo conduce a inferir que la dieta es un agente que, aparentemente, no altera considerablemente el tamaño de las cagarrutas. El posible alcance modificador de los factores del clima, e incluso de las propiedades del suelo, sobre el tamaño de las cagarrutas exige el diseño de investigaciones que garanticen el análisis de muestras fecales de los periodos lluvioso y seco, así como de los de transición seco-lluvioso y lluviososeco. La consideración del suelo como fuente inductora de variaciones en la morfometría de las excretas no está completamente dilucidada. Pero quizá, resulte relevante para decidir el tiempo de recolección de muestras fecales de venados cautivos. Echavarría *et al*. (2007) advirtieron que la carga animal, la orina y el pisoteo en corrales-encierros destruyen paulatinamente los agregados del suelo, incrementan la densidad aparente, originan compactación, disminuyen la infiltración, modifican la retención de humedad e incluso el pH. Podría esperarse entonces, que estos cambios en el suelo tal vez pudiesen determinar variaciones en la morfometría y el peso de las excretas de individuos cautivos. No obstante, en condiciones naturales, tal vez, no cabría esperar alteraciones de estas dimensiones y tampoco del peso.

En la Tabla 2 se sintetiza la descripción de las dimensiones y el peso derivados de las mediciones de la muestra (total) combinada de cagarrutas. Los valores obtenidos resultaron próximos a los determinados separadamente para individuos silvestres y cautivos (Tabla 1). El área y el volumen destacaron, nuevamente por su mayor variabilidad.

Ninguna disparidad L ($z=1,57$; $p=0,05$), W ($z=1,32$; $p=0,05$), A ($z=0,09$; $p=0,05$), L/W ($z=0,33$; $p=0,05$), V_o ($z=0,01$; $p=0,05$) y P ($z=0,03$; $p=0,05$) resultó evidente de la confrontación de las medias de las mediciones de cada una de las dimensiones examinadas y, el peso en la muestra combinada con sus paralelas de la muestra que procedía de individuos cautivos. Las dimensiones largo, ancho, área, volumen y también el peso, resultaron pariguales (z=0,69; p=0,05[L], z=0,52; p=0,05[W], z=0,94; p=0,05[A], z=0,61; p=0,05[Vo] y, z=0,00; p=0,05[P]) cuando se compararon (muestra combinada vs. muestra silvestres) entre sus iguales. Pero, la dimensión proporción largo/ancho fue desigual. Esta similitud, pudiera argumentarse como prueba de la potencial confiabilidad del empleo de las cagarrutas de venados cautivos para la utilización del análisis morfométrico en poblaciones silvestres de *Odocoileus*. La disimilitud registrada en la proporción L/W podría tener su origen en la débil correlación manifiesta entre la longitud y el ancho de las cagarrutas.

Figura 2. Martín Correa-Viana recolectando cagarrutas de venado silvestre.

Tabla 2. Descripción de la morfometría y el peso de la muestra combinada de cagarrutas de venado caramerudo de Venezuela (n = 130, 65 silvestres y 65 cautivos).

Dimensión	Muestra Combinada (n = 130)			
	$\bar{x}$	DE	IC	CV(%)
L (mm)	11,64	±1,43	11,37 11,91	12,28
W (mm)	9,00	±2,06	8,71 9,28	22,88
A (mm)	104,00	±30,66	96,25 108,61	29,48
L/W	1,40	±0,21	1,37 1,43	15,00
V_o (mm)	477,38	±230,33	444,08 510,68	48,24
P (g)	0,19	±0,05	0,18 0,19	26,31

$\bar{x}$ = Promedio; DE = Desviación Estándar; IC = Intervalo de Confianza; CV = Coeficiente de variación.

Los valores que sintetizaron las cualidades de la morfometría y el peso de las cagarrutas de la muestra (n=25) que sirvió de soporte para examinar el presumible efecto del tiempo sobre las dimensiones morfométricas y el peso se muestran en la Tabla 3.

Análogas (t, p=0,05) resultaron todas las dimensiones morfométricas y el peso, luego de contrastadas (día 1 vs. día 25). Susannah *et al.* (2016) divulgaron un resultado similar cuando compararon cagarrutas de berrendo de Sonora (*Antilocapra americana*), día 1 vs. día 16. Podría presumirse entonces, que el tiempo de permanencia de las excretas en el ambiente no estaría correlacionado con alteraciones de sus cualidades morfométricas. Empero, cierta precaución es necesaria antes de admitir este hallazgo como concluyente; porque 16 o 25 días son lapsos relativamente cortos y quizá, insuficientes para la manifestación de procesos bióticos y abióticos de descomposición.

Ninguna diferencia fue evidente cuando los grupos de edad definidos se analizaron entre ellos en la dimensión longitud (F_2, 48=1,74; $p<0,05$), pero sí en el ancho (F_2, 48=6,22; $p<0,05$), el área (F_2, 48=3,57; $p<0,05$), la proporción lago/ancho (F_2, 48=1,60; $p<0,05$) y volumen (F_2, 48=29,20; $p<0,05$). El supuesto que soporta al método morfométrico es que las dimensiones de las cagarrutas guardan una relación directamente proporcional con el tamaño corporal (Bubenik 1982). MacCraken y van Ballenberghe (1987) afirmaron que esta técnica es inviable o muy poco confiable si el dimorfismo sexual es pequeño o no está presente. Nuestros resultados permiten especular que debido a la significativa variación registrada en cuatro de las cinco dimensiones examinadas, el análisis morfométrico de excretas podría ser una metodología fiable (en combinación con la técnica K-media difusa) para determinar la estructura etaria de poblaciones de *Odocoileus* en nuestro país. En adición, si futuras investigaciones son conducidas para medir las dimensiones morfométricas de cagarrutas usando muestras de individuos de sexo conocido, también sería factible la categorización sexual en poblaciones silvestres de este cérvido. Camargo y Mandujano (2009) revelaron que esta técnica fue inviable para discriminar clases de edad en el venado cola blanca (*Odocoileus viginianus mexicanus*) debido a su escaso dimorfismo sexual. Contrariamente, Ezcurra y Gallina (1981), MacCraken y van Ballenberghe (1987), Sánchez-Rojas *et al*. (2009) y Susannah *et al*. (2016) confirmaron su validez para segregar clases de edad en venado cola blanca (*O. v. couesi*), moose (*Alces alces*), venado mulo (*O. v. hemionus*) y berrendo de Sonora (*Antilocapra americana*); respectivamente.

Tabla 3. Síntesis descriptiva de las cagarrutas (n = 25) para examinar el presumibles efecto del tiempo sobre las dimensiones morfométricas y el peso.

Dimensión	Día 1 (n = 25)				Día 25 (n = 25)			
	$\bar{x}$	σ	IC	CV(%)	$\bar{x}$	σ	IC	CV(%)
L (mm)	11,42	±2,33	10,66 12,88	20,40	11,24	±2,27	10,99 12,48	20,19
W (mm)	8,47	±1,69	8,46 8,92	19,95	8,94	±1,51	8,45 9,43	16,89
A (mm)	99,20	±32,70	88,48 109,92	32,96	101,29	±35,70	86,59 112,99	33,97
L/W	1,39	±0,27	1,31 1,47	19,42	1,32	±0,24	1,25 1,39	18,18
V V$_o$ (mm)	527,12	±216,87	459,55 598,91	41,14	524,11	±212,47	451,89 596,34	40,34
P (g)	0,19	±0,06	0,18 0,20	31,57	0,18	±0,05	0,17 0,19	27,77

$\bar{x}$ = Promedio; *DE* = Desviación Estándar; IC = Intervalo de Confianza; CV = Coeficiente de variación.

Tres conglomerados de puntos que se correspondieron con las clases de edad de los venados (crías juveniles y adultos) resultaron evidentes en el diagrama de dispersión de las cagarrutas (Fig. 3). Uno central, que representó las cagarrutas caracterizadas por una proporción largo/ancho relativamente constante. Mayoritariamente, correspondió a muestras de la clase juvenil. La relación directamente proporcional tuvo su mayor manifestación en este conglomerado. El segundo de los conglomerados, ubicado sobre el central, se nutrió fundamentalmente de cagarrutas de la clase de edad adultos, que mostraron una tendencia a ser más largas y anchas. Pero, con una inclinación a una mayor variabilidad en su longitud. La relación directamente proporcional en este conglomerado fue débil. El tercer conglomerado quedó situado debajo del central, pero orientado hacia el vértice que forman la abscisa y la ordenada. Primordialmente, fue definido por cagarrutas de las clases crías y juveniles, cuya tendencia es ser más angostas. Nuevamente, la relación directamente proporcional no fue clara. Alejados de los tres conglomerados destacaron varios puntos que podrían considerarse atípicos. Esencialmente, representativos de cagarrutas de la clase adultos, las cuales propenden a ser más largas y anchas. En síntesis, la dirección de la correlación (nube de puntos de los tres conglomerados) es positiva, pero débil (coeficiente de correlación r=0,49). Por ello, no es descartable que los valores de las dimensiones largo y ancho pudiesen estar representados por una mezcla de relaciones entre diversos factores, por eso en la visualización surgen algunas superposiciones. En adición, la correlación no es causal y variables inadvertidas pueden, en algunos casos, estar influyendo los resultados. La proporción largo/ancho de crías superó las correspondientes a juveniles y adultos, por esa razón tienden a ser más redondas.

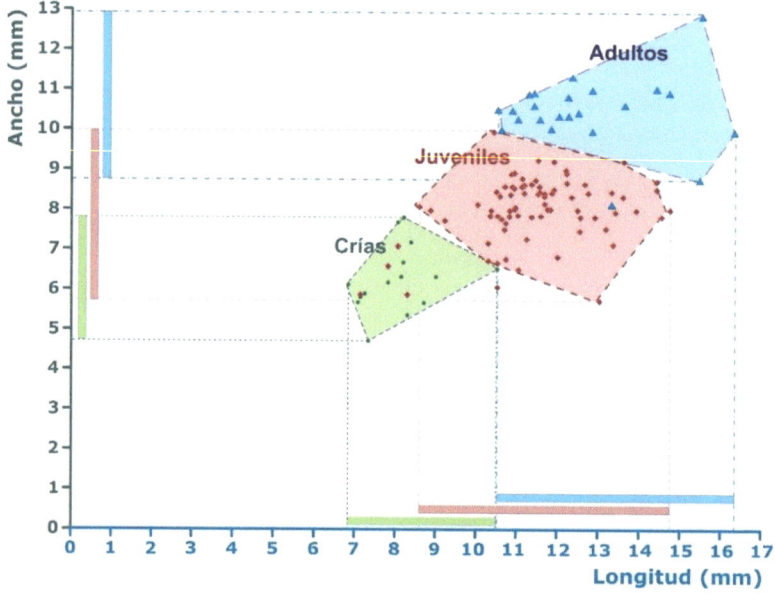

Figura 3. Diagrama de dispersión de Ancho vs. Longitud de las cagarrutas, en el cual destacan los polígonos convexos sin superposición que agrupan las cagarrutas según la edad del venado.

En el momento de su deposición las cagarrutas tienen forma esferoidal. Su color es café, son brillantes y exhiben iridiscencia verde. Presentan un elevado grado de humedad. Su consistencia es blanda-gelatinosa (pegajosa), y despiden un penetrante olor a estiércol fresco. Dos horas después, aproximadamente, han perdido brillo. La iridiscencia persiste, pero en menor grado. El color café comienza a desaparecer y va cambiando a un tono marrón oscuro o negro. Aún son blandas, pero menos pegajosas y el olor a estiércol ha descendido notablemente. A las 3-4 horas pierden el brillo, desaparece la iridiscencia y debido a la oxidación se tornan más negras. Se inicia el endurecimiento. La humedad y la consistencia gelatinosa son ya despreciables, prácticamente, no manifiestas. Durante el transcurso de las siguientes 10-48 horas ya son completamente negras, opacas sin brillo, la iridiscencia ha desaparecido, la sequedad es también patente, y su consistencia es definitivamente dura.

Estas características perduran en el tiempo hasta su degradación natural, su desintegración como resultado de la acción de un agente mecánico, su disolución por efecto del agua o ruptura como derivación de la coprofagia por invertebrados u otros organismos.

ETIMOLOGÍA

Además del estudio de excrementos, la palabra Escatología también se define como el estudio sistemático de los eventos futuros. El discurso de las cosas últimas; la muerte, el juicio, el destino del alma y la vida de ultratumba. Abarca además, el estudio e interpretación de las profecías bíblicas. Etimología: del griego ESCHATOS y SKATOS que significan, respectivamente último fin y excremento.

REFERENCIAS

Aguilar-Miguel, C. 2008. Estimación de la población y uso del hábitat por venados adultos en el rancho Santa Elena, Huesca de Ocampo, Hidalgo, México. Tesis de Licenciatura, Universidad Autónoma de Hidalgo. 64pp.

Aranda, J. M. 1981. Rastros de los mamíferos de México. Manual de campo. Xalapa: Instituto Nacional de Investigaciones sobre Recursos Bióticos.

Aranda, H. 2000. Huellas y otros rastros de los mamíferos grandes y medianos de México. Conabio. Instituto de Ecología. A.C. 22pp.

Bisbal, E. F. J. y J. Ojasti. 1980. Nicho trófico del zorro Cedocyon thous (Mammalia, Carnivora). Acta Biológica Venezuelica 10:469-496

Bisbal, E. F. J. 1986. Food habits of some Neotropical carnivores in Venezuela (Mammalia carnivore). Mammalia 50:329-339.

Bookhout, T. A. 1976. Research and management techniques for wildlife and habitats. Wildlife Society. Maryland. 125pp.

Brosset Hernández-Jáuregui, D. M. F. Galindo Maldonado, M.Pérez Valdez, P. Romero y A. Schuneman de Aluja. 2005. Corticol en saliva, orina y heces: evaluación no invasiva en mamíferos silvestres. Vet. Mex. 36(3):325-337.

Bubenik, R. A. 1982. Physiology Pp. 125-179. In Elk of North America. Ecology and management. Thomas, J and Toweil, D. L. eds. Stackpole Books, Harrisburg, PA.

Buenrostro, A. S., S. Gallina, y G. Sánchez- Rojas. 2004. Diferenciación en la calidad de la dieta de venado cola blanca (*Odocoileus virginianus mexicanus*) determinadas por concentraciones de nitrógeno fecal. XXI. Simposio sobre Fauna Silvestre Gral. M. V. Cabrera Valtierra. Colima Col. Medicina Veterinaria y Zootecnia. UNAM.

Camargo-Sanabria, A. A. y S. Mandujano. 2009. Evaluación de la morfometría de pellets como método d categorización de sexos y edades en venado cola blanca (*Odocoileus virginianus mexicanus*) en Puebla, México. Revista Mexicana de Mastozoología 13:92-104.

Correa-Viana, M. 1977. Comparación de cuatro métodos para estimación de la densidad poblacional del venado caramerudo (*Odocoileus virginianus gymnotis*). Trab. Grado. UCV, Caracas. 88pp.

_____ 1989.Determinación del pH fecal del venado caramerudo. Rev. Unell. Cienc. Tecn. 7(1-2):25-26.

_____ 1991. Tasa de defecación del venado caramerudo en Venezuela. Biollania 8:17-22.

_____ 1993. Variación intrínseca del pH fecal del venado del venado caramerudo. Rev. Unell. Cienc. Tecn. 11(1-2):87-91.

_____ 1994. Actividad diaria y selección de hábitat por el venado caramerudo, *Odocoileus virginianus*, en Masaguaral, estado Guárico Venezuela. Biollania 10:6-12.

_____ 1995. Distribución y estado actual del venado de páramo en el Parque Nacional Sierra Nevada. Trab. Ascen. Unellez 60pp.

Danields, H. 1987. Ecología poblacional del venado caramerudo (*Odocoileus virginianus gymnotis*) en el Socorro, Edo. Guárico. Tesis Doctoral. UCV, Caracas, Venezuela 222pp.

Davis, D. E. and R. L. Winstead. 1980. Estimating the number of wildlife populations. Pp. 221-246 In S. D. Schemnitz ed. Wildlife Management Technique Manual. The Wildlife Society, Washigton D. C.

Davison, M. D., D. Birks, R. C. Brookes, T. E. Braithwaite and J. E. Messenger. 2002. On the origin of feces morphological versus molecular methods for surveying rare carnivores from their scats. Zool. Soc. London 141-143.

Echavarría, C. F., P. A. Serna, y V. R. Bañuelos. 2007. Influencia del sistema de pastoreo con pequeños rumiantes en un agostadero del semiárido zocatecano: II cambios en el suelo. Tec. Pecu. México 45:177-194.

Elbroch, M. 2003. Manual tracks sing: a guide to North American species. Stackpole Books, Pensilvania. 779 pp.

Escobar, B. A. y E. González-Jiménez. 1976. Estudio de la competencia alimenticia de los herbívoros mayores del Llano inundable con referencia especial al chigüire (*Hydrochoerus hidrochoeris*). Agronomía Tropical (Maracay) 26:215-22

Ezcurra, E. and S. Gallina. 1981. Biology and population dynamics of White-tailed deer in Northwestern México. Pp. 79-188. In P. F. Fflliott and S. Gallina eds. Deer Biology, Habitat Requirements and Management in Western North America. Instituto de Ecología. A. C. México, DF.

González, I. y A. Utrera. 2002. Distribution of the neotropical river other *Lontra longicaudis* in Venezuelan Andes, habitat and etatus of its poplations. UINC. Othrer Specialist Group. Bulletin 18(2):86-92.

González, I. y O. Castillo. 2012. Tendencia trófica de de la nutria (*Lontra longicaudis*) en el río Ospino, Portuguesa, Venezuela. Rev. Unell. Cienc. Tec. 30:24-28.

González-Fernández, A. J. y M. Correa-Viana. 2018. El venado caramerudo (*Odocoileus virginianus*) en el hato Corralito: evaluación poblacional y plan de manejo. Centro de Investigación y Manejo Fauna. MANFAUNA. Documentos Digitales Originales - DocDigOri® (Ed), Guanare. 98 pp.

Granado, N. 1989. Dieta del venado caramerudo (*Odocoileus virginianus gymnotis*) en el Socorro Edo. Guárico. Trab. Grado. Universidad Central de Venezuela, UCV, Caracas. 226 pp.

Hirayama, K. 1989. The fecal flora of giant panda. J. Appl. Bacteriol. 67:411-415.

Korschgen, I. J. 1980. Procedures for food habits analyses. Pp. 113-128. In S. D. Schemnitz ed. Wildlife Management Technique Manual. The Wildlife Society, Washington, D.C.

Lesley, B. L. and J. T. Kirpatrick. 1991. Monitoring ovarian function in captive and free ranging wildlife by means of urinary and fecal steroids. J.Zool.Wlid. Med. 22:23-31.

MacCracken, J. G. and van Ballenberghe. 1987. Age and sex-related difference in fecal pellets dimension of moose. J. Wild. Manage. 51:360-634.

Macullough, D. R. 1982. White-tailed deer pellet-group weights. J. Wild. Manage. 46:829-832.

Mandujano, S. y S. Gallina (1995). Comparison of deer censuring methods in tropical dry forest. Willife Soc. Bull. 23(2):180-186.

Mason, C. I. and J. R. Redford. 1994. PBC concernes of European other (*Lutra lutra*). Bull. Environ. Contam. Toxicol. 53:548-554.

Mill, M. G. I. 1996. Methodological advances in capture, census and food habits studies of large African carnivores. Pp. 223-242. In J. L. Gitteman ed. Carnivore behavior ecology and evolution (Vol. 2). Cornel Univ. Press, New York.

Molina Molina, M. 2003. Estimación de la densidad poblacional del venado de páramo (*Odocoileus lasiotis* Osgood 1977 Mammaia, Cervidae) en la sierra nevada de Mérida, Venezuela. Rev. Ecol. Lat. Am. 10(1):1-10.

Montes-Pérez, R., F. Montes-Cruz, C. Góngora-Chang, E. López-Cabá, J. Magaña-Monforte y J. Segura-Correa. 2016. Asignación de sexo en *Odocoileus virginianus* por análisis de excretas sometidas a intemperie. Abanico Vet. 6(2):13-21.

Morden, C.J. C. 2011. Use of fecal pellet size to differentiate age clases in female svalbard reindeer. Wild. Biol. 17:491-498.

Ortiz-Martínez, T., S. Gallina, M., Briones-Salas y G. González. 2005. Densidad poblacional y características del hábitat del venado cola blanca (*Odocoileus virginianus oaxamensis* Golman y Kellog 1940) enun bosque templado de la sierra norte de Oaxaca, México. Act. Zool. Mex. 21(3):65-78

Pérez-Mejia, S., S. Mandujano, y L. E. Martínez-Romero. 2004. Tasa de defecación del venado cola blanca, *Odocoileus virginianus mexicanus*, en cautiverio en Puebla, México. Act. Zool. Mex.(sn):167-170.

Peter, A.T., J. K. Critser and N. Kapostin. 1996. Analysis of sex esteroid metabolites excreted in the feces and urine of nondomesticated animals. Compendium 18(7):281-792.

Phillips, M. K. and J. Scheek. 1991. Parasitism in captive and reintroduce wolves. J Wild. Disease 27:448-501.

Ray, J. C. and M. E. Sunquist. 2001. Trophic relation in Community of African rainforest carnivores. Oecología 122:395-408.

Rogers, L. L. 1987. Seasonal changes in defecation rates of free-ranging white tailed deer. J. Wild. Manage. 51:330-333.

Rojas, A. E., P. E. Dávila y J. H. Castaño. 2014. Morfometría de excretas de cuatro especies de roedores en una plantación forestal en la cuenca del río Cauca. Bol. Cient. Mus. Hit. Nat. 18(2):138-145.

Romero, J. M. 2004. Physiologycal strees in ecology: lessons from biomedical research. TREE 19(5):249-255.

Sánchez-Rojas, G., S. Gallina y E. Equihua. 2004. Pellet morphometry as tool to distinguish age and sex in the mule deer. Zool. Biology 23(2):139-146.

Seton, E. T. 1925. On the study of scatology. J. Mamma. 6:42-49.

Susannaah, D. Woodruft, T. R. Johnson and P. Waits. 2016. Examining the use of fecal pellet morphometry to differentite age classes in Sonoran pronghorn. Wild. Biol. 22(5):217-227.

Zahratka, J. and W. S. Buskirk. 2007. Is the size of fecal pellets a reliable indicator of leporids in Southern Rocky Mountains? J. Wild. Manage. 71:2081-2083.

ESTE LIBRO SE TERMINÓ DE EDITAR Y FUE PUBLICADO EL

31 DE JULIO DE 2019 POR

DocDigOri@gmail.com